北京时代华文书局

图书在版编目（CIP）数据

当诗词遇见科学：全20册 / 陈征著 . — 北京：北京时代华文书局，2019.1（2025.3重印）
ISBN 978-7-5699-2880-8

Ⅰ. ①当… Ⅱ. ①陈… Ⅲ. ①自然科学－少儿读物②古典诗歌－中国－少儿读物 Ⅳ. ①N49②I207.22-49

中国版本图书馆CIP数据核字(2018)第285816号

拼音书名 | DANG SHICI YUJIAN KEXUE：QUAN 20 CE

出 版 人 | 陈 涛
选题策划 | 许日春
责任编辑 | 许日春 沙嘉蕊
插 图 | 杨子艺 王 鸽 杜仁杰
装帧设计 | 九 野 孙丽莉
责任印制 | 訾 敬

出版发行 | 北京时代华文书局 http://www.bjsdsj.com.cn
北京市东城区安定门外大街138号皇城国际大厦A座8层
邮编：100011 电话：010-64263661 64261528
印 刷 | 天津裕同印刷有限公司
开 本 | 787 mm×1092 mm 1/24 印 张 | 1 字 数 | 12.5千字
版 次 | 2019年8月第1版 印 次 | 2025年3月第15次印刷
成品尺寸 | 172 mm×185 mm
定 价 | 198.00元（全20册）

自 序

一天，我坐在客厅的沙发上，望着墙上女儿一岁时的照片，再看看眼前已经快要超过免票高度的她，恍然发现，女儿已经六岁了。看起来她一直在身边长大，可努力搜索记忆，在女儿一生最无忧无虑的这几年里，能够捕捉到的陪她玩耍，给她读书讲故事的场景，却如此稀疏……

这些年奔忙于工作，陪孩子的时间真的太少了！

今年女儿就要上小学，放眼望去，小学、中学、大学……在永不回头的岁月中，她将渐渐拥有自己的学业、自己的朋友、自己的秘密、自己的忧喜，直到拥有自己的家庭、自己的人生。唯一渐渐少了的，是她还愿意让我陪她玩耍，给她读书、讲故事的时间……

不能等到孩子不愿听的时候才想起给她读书！这套书就源自这样的一个念头。

也许因为我是科学工作者，科学知识是女儿的最爱，她每多了解一个新的科学知识，我都能感受到她发自内心的喜悦。古诗词则是我的最爱，那种“思飘云物动，律中鬼神惊”的体验让一个学物理的理科男从另一个视角感受到世界的美好。当诗词遇见科学，当我读给孩子，这世界的“真”“善”与“美”如此和谐地统一了。

书中的科学知识以一个个有趣的问题提出，目的并不在于告诉孩子答案，而是希望引导孩子留心那些与自然有关的细节，记得观察生活、观察自然；引导孩子保持对世界的好奇心，多问几个为什么。兴趣、观察和描述才是这么大孩子的科学教育应该做的。而同时，对古诗词的赏析，则希望孩子们不要从小在心里筑起“文”与“理”之间的高墙，敞开心扉去拥抱一个包括了科学、文化和艺术的完整的世界。

不得不承认，这套书选择小学语文必背的古诗词，多少还是有些功利心在其中。希望在陪伴孩子的同时，也能为孩子的学业助一把力。

最后，与天下的父母共勉：多陪陪孩子，趁着他们还没长大！

目录

忆江南 / 06

“绿如蓝”是怎么回事？ / 08

为什么日出时江花显得格外红？ / 10

小儿垂钓 / 12

鱼有耳朵吗？ / 14

水里的鱼能听见岸上人说话吗？ / 16

悯农 / 18

人为什么会出汗？ / 20

人为什么要吃饭？ / 22

唐 白居易

yì jiāng nán

忆江南

jiāng nán hǎo

江南好，

fēng jǐng jiù céng ān

风景旧曾谙。

rì chū jiāng huā hóng shèng huǒ

日出江花红胜火，

chūn lái jiāng shuǐ lǜ rú lán

春来江水绿如蓝。

néng bú yì jiāng nán

能不忆江南？

释词

1 忆江南：唐教坊名曲，后来用作词牌名，又名“望江南”“梦江南”等。

2 谙：熟悉。诗人年轻时曾三次到过江南。

3 红胜火：颜色鲜红胜过火焰。

4 绿如蓝：绿得比蓝草还要绿。

译文

江南的风景多美啊！我去过江南三次，所以对江南风景已经很熟悉了。太阳从江面上升起，把江边鲜花照得比火还要红。春天来的时候，江潮涌动，清澈的江水绿得胜过蓝草。如此美的景色，怎么能叫人不怀念江南？

“绿如蓝”是怎么回事？

绿色和蓝色是两种不同的颜色。我们平时看到的绿色可以从浅绿、翠绿、深绿到墨绿，甚至深到一定程度时会发黑，可并不会觉得它发蓝。那为什么诗人要说“绿如蓝”呢？

原来，诗中“绿如蓝”中的“蓝”并不是指蓝色，而是指名叫“蓝草”的植物。

菘蓝

板蓝根

“蓝草”是所有能拿来提取靛蓝色染料的植物总称，包括木蓝、菘蓝、蓼蓝、马蓝、苋蓝等许多种类。古时候没有今天的化学科技，人们用来给布料、器物等染色的颜料大都是从大自然中获取的，其中很大一部分就来源于植物。药店中常能见到的一种药就是用菘蓝的根制作而成的，因为菘蓝也叫板蓝，所以这种药的名字叫作“板蓝根”。

“蓝草”虽然可以提取靛蓝色,但它们和许多其他植物一样，本身都还是绿色的。因此诗人所说的“绿如蓝”，其实是形容江水碧绿的颜色，如同春天嫩绿的蓝草一样，而不是江水“绿得发蓝”的意思。

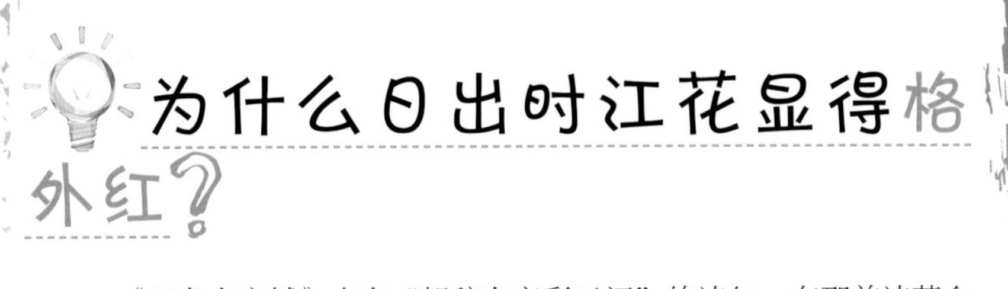

为什么日出时江花显得格外红？

《早发白帝城》中有“朝辞白帝彩云间”的诗句，在那首诗蕴含的科学原理中我们知道了：在日出和日落时，太阳光斜着穿过大气层，走过了很长的路，一路上蓝色的光不断被弹向四面八方，最终到达我们所在的地方时，剩下的红光占了多数。

平时我们看到五颜六色的花，是因为花瓣反射了不同颜色的光到达我们的眼睛。可在日出或是日落的时候，到达地面的太阳光中红光占了多数，花瓣也就只能或多或少地反射红光进入我们的眼睛，我们看到的也就是红彤彤的一片。

你不妨试试，用红色的塑料片挡在手电筒前，让手电筒发出红光，然后用它照射不同的物体。照在白墙上，白墙会变成红色，照在绿叶上，绿叶则会呈现出黑色，照在其他颜色的东西上时，呈现出的都是或深或浅的红色。这就是“日出江花红胜火”的道理了。

小儿垂钓

唐 胡令能

xiǎo ér chuí diào
小儿垂钓

péng tóu zhì zǐ xué chuí lún，cè zuò méi tái cǎo yìng shēn。
蓬头稚子学垂纶，侧坐莓苔草映身。

lù rén jiè wèn yáo zhāo shǒu，pà dé yú jīng bú yìng rén。
路人借问遥招手，怕得鱼惊不应人。

释词

1 蓬头：头发乱蓬蓬的。

2 稚子：小孩子。

3 纶：钓鱼时用的丝线。

4 映：掩盖遮映。

译文

在一条宁静的小河旁，有个头发乱蓬蓬的小孩子，正学着大人的模样全神贯注地垂钓。他随意坐在青苔上，身体掩映在野草间，双手紧紧握着鱼竿，目不转睛盯着水面，身体半天都一动不动，就像泥塑木雕似的。连飞来飞去的蝴蝶、蜻蜓，他都懒得张望。这时，有个路人向他问路，他转过头，将食指放在唇边，远远地朝路人摆摆手，生怕惊动了水下的鱼儿。

鱼有耳朵吗？

鱼虽然不像我们人或小猫小狗那样在脑袋上长着一副漂亮耳朵，但它也是有听觉器官的。我们人的耳朵由外耳、中耳和内耳三部分组成，脑袋两边漂亮的耳廓，其实只是外耳部分。

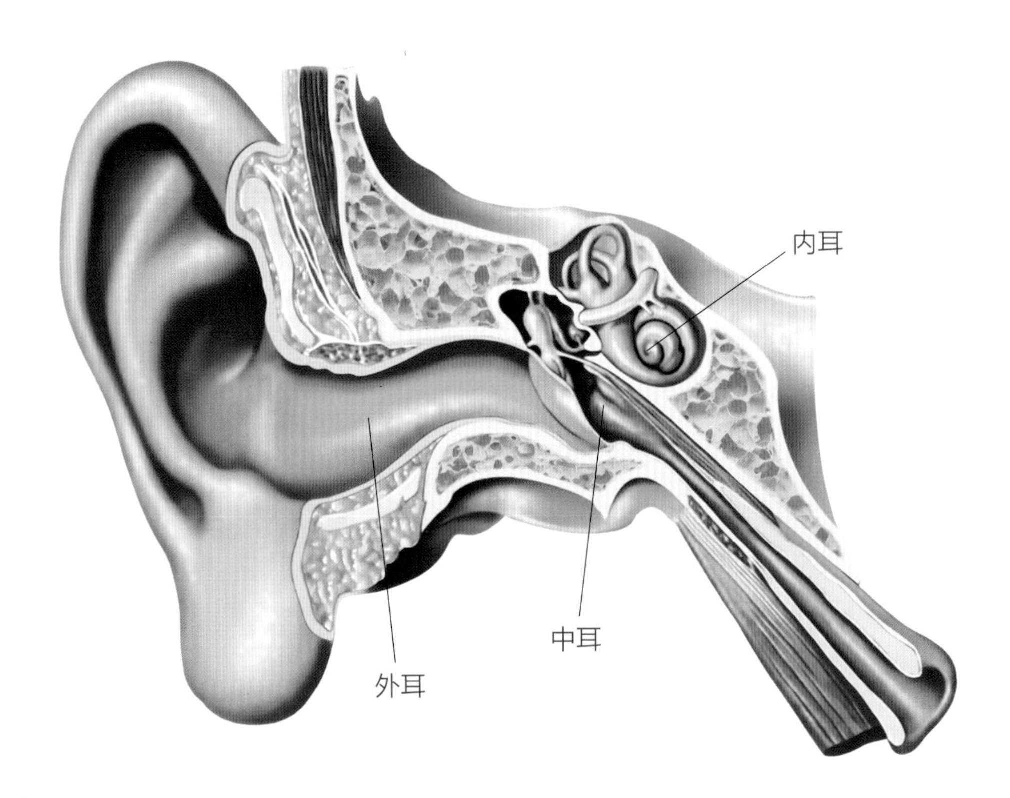

而鱼的听觉器官只有内耳，它藏在鱼头两侧的骨头里。鱼耳朵的结构虽然比我们人和其他哺乳动物简单，但基本功能却差不太多，都可以接收声音，还能帮助身体保持平衡。

我们人的耳朵能听见每秒振动 20 次到 2 万次的声音，而大多数鱼类只能听到每秒振动几百次的声音，少数鱼的内耳和鳔之间长有一些小骨刺，能听到每秒上千次振动的声音。

水里的鱼能听见岸上人说话吗？

如果你在游泳时注意过的话，就会发现当头潜在水下的时候，其实很难听到岸上人说话的声音。有时不小心在洗澡或游泳的时候耳朵进了水，也会变得很难听见周围的声音。

这是为什么呢？

因为声音在水里遇到的“阻力”比在空气中遇到的大上千倍，当在空气里传播的声音遇到水面时，只有非常少的一部分能够透射进水里，而其他绝大部分仿佛遇到了一堵坚硬的墙，都被反射回空气。这种现象对音调越高，也就是每秒振动次数越多的声音越明显。那些非常低沉的声音，才可能进入水中多一些。

所以，其实如果人们只是在岸边正常地说话甚至尖叫，水里的鱼很难听到。相反要是低沉地咳嗽或是拍手跺脚，鱼儿则是有可能听见的。

mǐn nóng
悯农

唐 李绅

chú hé rì dāng wǔ， hàn dī hé xià tǔ
锄禾日当午，汗滴禾下土。

shuí zhī pán zhōng cān， lì lì jiē xīn kǔ
谁知盘中餐，粒粒皆辛苦。

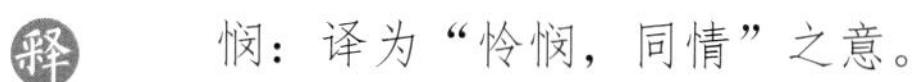

释词　悯：译为“怜悯，同情”之意。

译文

炎炎烈日下，杂草正在农田里疯狂地抽穗开花，它们就像无赖，贪婪地霸占着禾苗的生存空间。农民手持锄头，正一下一下地清理这些杂草。他看上去很累，干几下便抬抬头看看前方、看看太阳。此刻，豌豆般大小的汗珠挤满了他的额头，继而流淌成小河，顺着他额头流到了下巴，最后滴落在那打着蔫的禾苗上，融入了黄土里。农民叹了叹气，“唉，饭桌上的美味啊，不正是我们农民辛苦耕种得来的吗？”

人为什么会出汗？

人是一种恒温动物，我们的体温并不会因为外界环境的冷热而有太大的变化，出汗则是我们保持体温的重要方法。

人体内每时每刻都在进行新陈代谢，在这个过程中会不断产生热量，把多余的热量带走，才能维持体温不变。这就好像一座水库，河流会不断把水注入其中，让水位不断上涨；如果想要让水位保持不变，那么就得把多出来的水排出去。

多数恒温动物都是通过呼吸、身体表面向周围环境传热、对外发射红外线等方法来散热的，不过这些方法的散热能力有限。当做剧烈运动时，短时间就会产生很多的热，但通过呼吸和体表散热的能力有限，不能及时把热量带走，所以许多动物都难以长时间地剧烈运动。

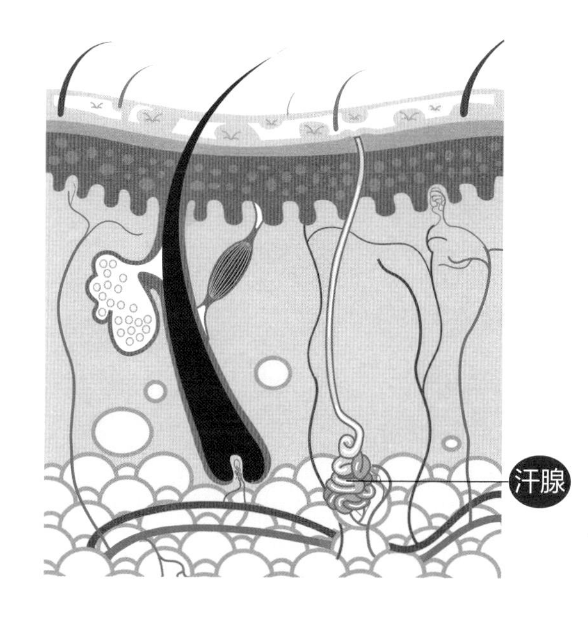

水在蒸发时会吸收大量的热，一杯水蒸发能带走的热量足够把7杯凉水烧开。所以出汗是一种非常高效的散热手段。人类遍布全身的汗腺可以通过调节出汗的多少来自如地调剂体温，及时排出多余的热量，即使是在气温很高、体表散热困难的情况下，我们也能够保证体温不变。

在散热的同时，出汗也能把人体新陈代谢产生的废物排出体外。另外，人类的神经系统特别发达，有时在神经特别兴奋或是特别紧张的时候也会出汗。

人为什么要吃饭？

我们无论是读书、运动、唱歌、跳舞还是睡觉，身体都在一刻不停地进行着新陈代谢，都在消耗着能量。

人体活动的主要能量来源是对糖类物质的分解，比如淀粉、果糖、蔗糖等。可我们不像植物那样能吸收太阳光，通过光合作用来自己合成糖类物质。所以我们就必须通过直接获取植物合成出来的糖类物质，来为每天的生命活动提供能量。米饭、面条、玉米、土豆、红薯等这些主食都是富含淀粉等糖类物质的食物，要保证有力气运动，就需要每天摄入足够的主食。

组成我们身体的蛋白质、矿物质、脂肪等原材料，以及维持生命所需要的维生素、微量元素等必要的物质，人体也多不能自己来制造，都需要通过吃饭来获得。人体需要的材料非常多，所以食物的来源最好广泛一些，这样才有可能获得更丰富的种类，才能有更健康的身体。

另外人体像一支整齐的“队列”，不过这个“队列”总是不由自主地变得松散。只有不断地维持“秩序”才能保持队形，而吃饭也让我们能够不断地从外界获取“秩序”的元素，来维持人体“队列”的整齐。

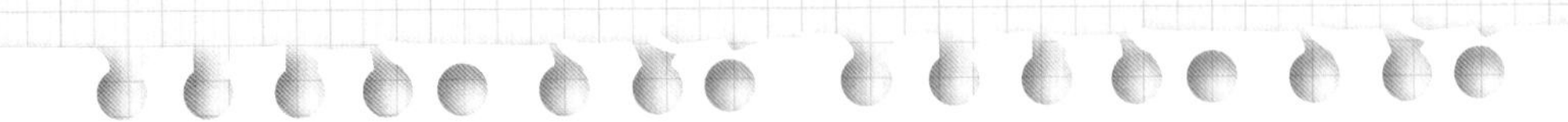

① 用红色塑料片挡在手电筒前，照射不同颜色的物体，看看有什么变化。

② 想一想，同为哺乳动物，河马长着小耳朵，大象长着大耳朵，这与它们自身的生存环境有什么关联性吗?

③ 将一天吃下的食物记录在膳食金字塔里，看看是否做到了营养均衡。

扫描二维码回复“诗词科学”
即可收听本书音频